第 2 單元

材質色彩資料庫

宋毅仁　老師

宋毅仁，目前任職於國立高雄第一科技大學創新設計工程系助理教授，主要專長為工業設計、設計企劃、輔具設計、產品造型研究、材料與製造。參與唐草設計公司之創辦，業界經驗豐富，設計類型以家電、文創商品、醫療輔具為主。自來到本校服務後，結合教學及研發，設計醫療輔具獲得國內發明競賽金銀牌，於輔導學生團隊參與創新創業競賽上，亦獲不錯的佳績。在職期間每年皆申請國科會及經濟部計畫，至目前為止共執行 1,400 萬元計畫經費，亦將所設計之產品申請專利，已獲發明 2 件及新型 11 件。

司長序

　　技職教育係以實務教學與實作能力之培養為核心價值，相較於普通教育，「務實致用」是技職教育的最大特色。技職人才之培育，不僅是各領域實作技術之傳承與精進，更肩負起帶動產業朝向創新發展的重責大任，因此，奠定專業實作能力與創新能力，是彰顯技職教育價值的關鍵。

　　為因應世界潮流趨勢，並發展學校特色，國立高雄第一科技大學於 2010 年提出非常具有前瞻性的校務發展目標：轉型為「創業型大學」，可謂是國內推動創新創業教育的技職先鋒，也獲教育部指定為「創新自造教育南部大學基地」，成果卓越，備受肯定。在傳統重視升學的教育體制下，學生的創意及實作能力漸被忽略，導致創新能力普遍不足，感謝國立高雄第一科技大學當火車頭，引領創新創業風潮，重視學生創意思維、獨立思考及跨域學習，鼓勵學生動手做、試錯、實踐創意，充分發揮創客 (Maker) 精神，正好符應教育部「從做中學」及「務實致用」之技職教育定位，以及推動大專校院知識產業化的政策方向。

　　隨著創意、創新、創業及創客之四創教育風潮興起，相關教材使用需求大增，國立高雄第一科技大學是推動四創教育的技職標竿學校，除了提供學生完善的學習機制與環境，近年來更陸續出版多本實用的相關教材，並秉持分享交流精神，對各大專校院推動創新創業教育貢獻良多。今該校教師合力編著《創意實作》，將動手實作的精神融入課程及日常生活中，且透過一本書就能學會 9 種技能，並了解國內外創客趨勢與介紹，實是跨領域教學及學習的最佳入門書籍，值得各界大力推廣，希望以達成人人都是 Maker 為目標，帶動國內產業創新與經濟的蓬勃發展。

蔡英文總統曾表示「技職教育應該是主流教育，推崇職人是一項值得發揚的傳統，而技職教育的實力，就是台灣的競爭力」。期許未來技職教育所培育之學生，能同時具備實作力、創新力及就業力，成為產業發展的重要支柱，及國家未來經濟發展、技術傳承與產業創新之重要推力。

教育部技職司

司長 楊玉惠 謹識

2018 年 1 月

校長序

　　「創客」（Maker）一詞，近幾年在全球迅速崛起，創客教育更是目前最夯的教育議題，國際競爭力不再僅是技術間的相互競技，而是取決於能產出多少創新能量。想要培養創新能力，第一步就要從校園扎根做起，透過翻轉教學，培育學生主動思考、發掘問題的能力；更重要的是，鼓勵動手實作，並從失敗中汲取成功元素，充分發揮 Maker 精神。

　　本校自 2010 年轉型為全國第一所創業型大學，致力於培養學生的創新力、實作力、跨域力及就業力，不僅於 2015 年興建完成「創夢工場」、2016 年興建完成「創客基地」，獲教育部指定為「創新自造教育南部大學基地」，成為南台灣創業教育智庫，並於 2016 年得到國際 FabLab (Fabrication Laboratory) 全球 Maker 組織認證，全國僅本校與臺北科技大學兩所大學獲得該認證。同時，也與 180 餘所各級學校及教育局處和民間創客基地代表，於 2016 年簽署「創客教育策略聯盟」，希望能帶動南部自造運動的發展，培養新世代的自造者人才。

　　為提供完整的創意、創新、創業與創客四創教育，本校除開設「創意與創新學分學程」及「創新與創業學分學程」，並於 104 學年度率全國之先，首將「創意與創新」列為全校共同必修課程。「工欲善其事，必先利其器」，為因應四創教育之教學需求，本校自 2011 年起陸續出版相關教材，包括《創新與創業》、《創業管理》、《創新創業首部曲》、《服務創新》、《方法對了，人人都可以是設計師》等，希望透過這些教材輔助教學，產生事半功倍的效果，讓師生透過案例教學，激發創意與創新思維，並奠定創業的基礎知能。

　　「跨領域，才搶手」，業界對跨領域人才求才若渴，為了精進跨領域課

程，本校邀集全校 9 位不同專業背景的老師，以「創夢工場」及「創客基地」的實作設備為主，共同合作編撰《創意實作》。目前市面上的書籍大多集中在單一專業，本書則著重在跨領域教學及學習，希望藉由淺顯易懂的方式，講解設備操作步驟，讓讀者能輕鬆學會該單元設備的基本操作及實際練習。本書從創意、創新，延伸到創意實作，是創客教育及跨領域教育必備的一本好書。

　　Maker 是一種精神，一種文化，一種生活態度，更是一種實踐能力。期許本書能成為學習動手實作的最佳幫手，為台灣創客教育貢獻一份心力，也祝福所有勇於追夢、築夢的青年朋友們，能透過本書實踐自己的夢想，創造一個無限可能的未來！

校長 陳振遠 謹識
2018 年 1 月

課程引言

在現今的社會，網路的全球化趨勢，使得國際競爭力不再是技術之間的相互競技，而是在於你能創造出多少的創新能量。當我們思考該如何在這樣的創新世代趨勢中去培養創新能力時，最大的影響力，就是從校園開始向下扎根。透過學校的教育翻轉，讓學生學會思考、學會分享、學會自己發掘問題，更重要的是，學會自己動手實作的態度。

國立高雄第一科技大學率先在 2010 年宣示轉型為「創業型大學」，致力於培育學生「具備創新的特質，以及創業家的精神」，透過課程來落實培育學生具備「創意思維、跨域合作、數位製造、創業實踐」，並於 2016 年 8 月出版了《方法對了，人人都可以是設計師》一書，透過課程的設計來培養學生達到創意思維及跨領域的合作。有鑑於學生在數位製造及創業實踐方面，較缺少動手實作的經驗，本校陳振遠校長集結了 9 位來自不同專業背景的學者專家，透過跨科系、跨專業的方式，共同編撰出以創夢工場的場域設備為主，教你如何動手實作的《創意實作》，書中有 9 個操作單元，包括風靡全球的創客運動、材質色彩資料庫、木工機具操作輕鬆學、基礎金屬工藝、3D 列印繪圖與操作、CNC 控制金屬減法加工、LEGO 運用於多旋翼、遊戲 APP 開發入門，以及在地文化資源的調查方法與應用。9 個單元皆透過由淺入深的介紹，讓讀者可以更輕鬆入門。單元從風靡全球的創客運動開始作介紹，接著進入手工具的手工製作，其中包含了木工機具的操作及金屬工藝的認識，以便了解手作精神的重要性。在學習手作單元之後，才可以進入自動化設備的學習。

了解手工設備的製作後，再開始進行機械自動化的 3D 列印加法加工及

CNC 減法加工的軟體及設備操作。透過前面所包含的手工工藝製作及 3D 加工製作，之後就可以開始強調如何透過控制化程式來驅動動力進行加工。前 7 組單元從造型、結構、機構、邏輯、組裝等動手實作練習之後，第 8 單元也透過現今 APP 市場爆炸性的發展，從中學習如何開發出易上手的 APP 遊戲。

　　課程透過風靡全球的創客運動、手工具的操作、自動化機械設備加工、程式控制帶動馬達、APP 遊戲過程操作，以及在地文化資源的調查方法與應用等 9 個單元，來達到玩中學、學中做的教育翻轉，俾能符應我國技職轉型高教創新的精神，亦能切合本校創業型大學願景培育學生具備創新的特質及熱忱、投入與分享的創業家精神。

　　本書希望能培養更多想成為自造者的年輕學子，透過《創意實作》中所介紹的 9 個由淺入深的實作課程操作練習，讓你我都可以成為這個產業趨勢中的全能自造者，並且訓練自己能擁有更多的技能專長！

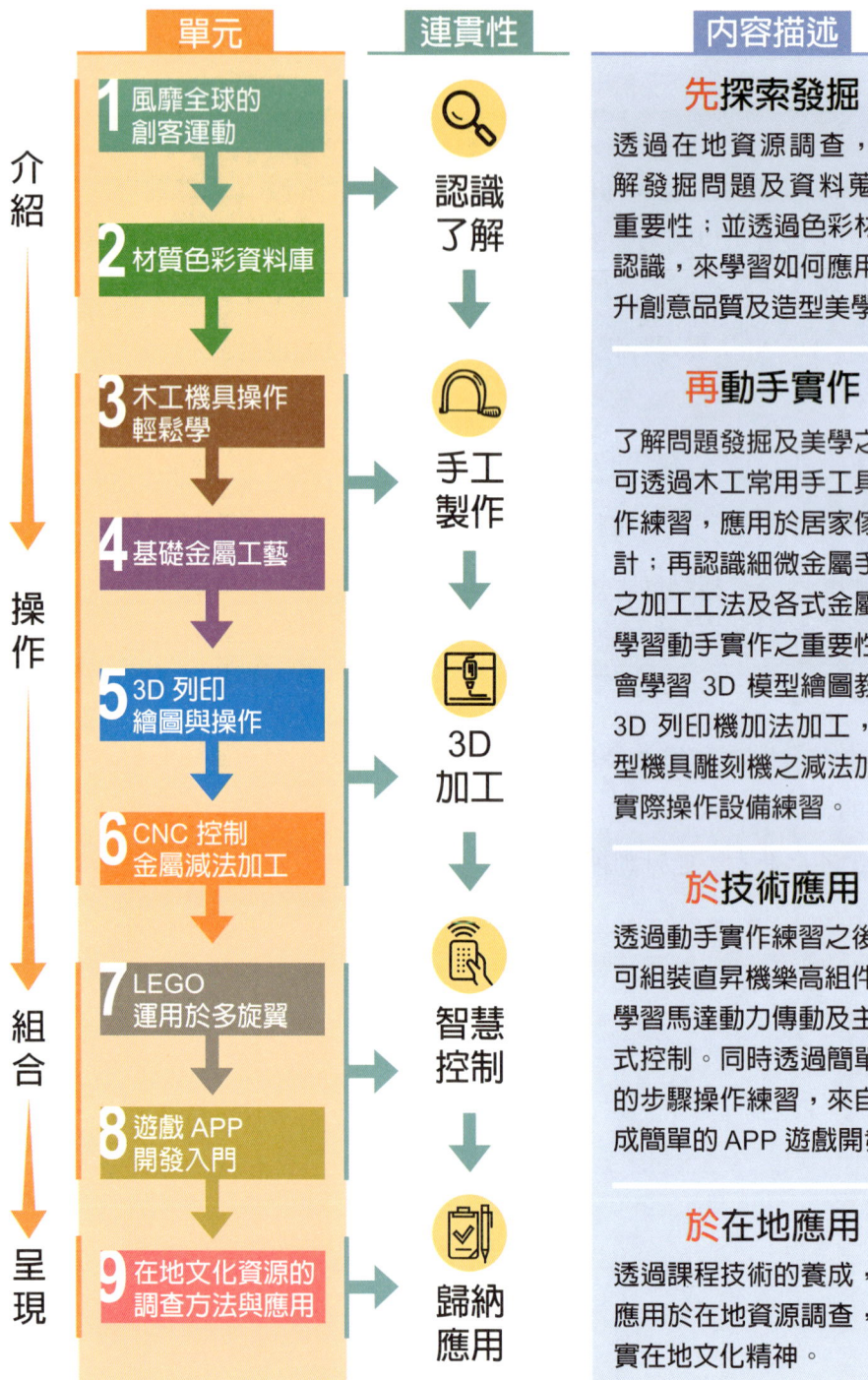

（圖，單元架構）

緒論

　　透過第一單元所介紹有關國內外自己動手做的創客趨勢之後，對於學習探索問題及發掘創意根本，有了觀察力的養成。在第二單元將要進行的就是創意設計產出時所重視的「型態」、「色彩」、「材質」三大要素，尤其是如何將所認識的色彩及材質運用在創意設計上。透過第一單元所發掘出創意構想之後，在本單元即可練習將色彩及材質的搭配運用，來產生出不同視覺效果及質感的外觀型態，針對不同的色彩及材質的組合變化，即可決定造型美感的重要關鍵要素。之後再繼續進行手工製作及 3D 加工製作，即可獲得外觀型態的視覺效果，進而呈現出獨一無二的造型設計，本單元也以淺顯易懂的方式來讓各位能更加了解色彩的種類、材質的製成及加工方式。有了這些認識之後，就能更加掌握動手實作的視覺效果及美感。

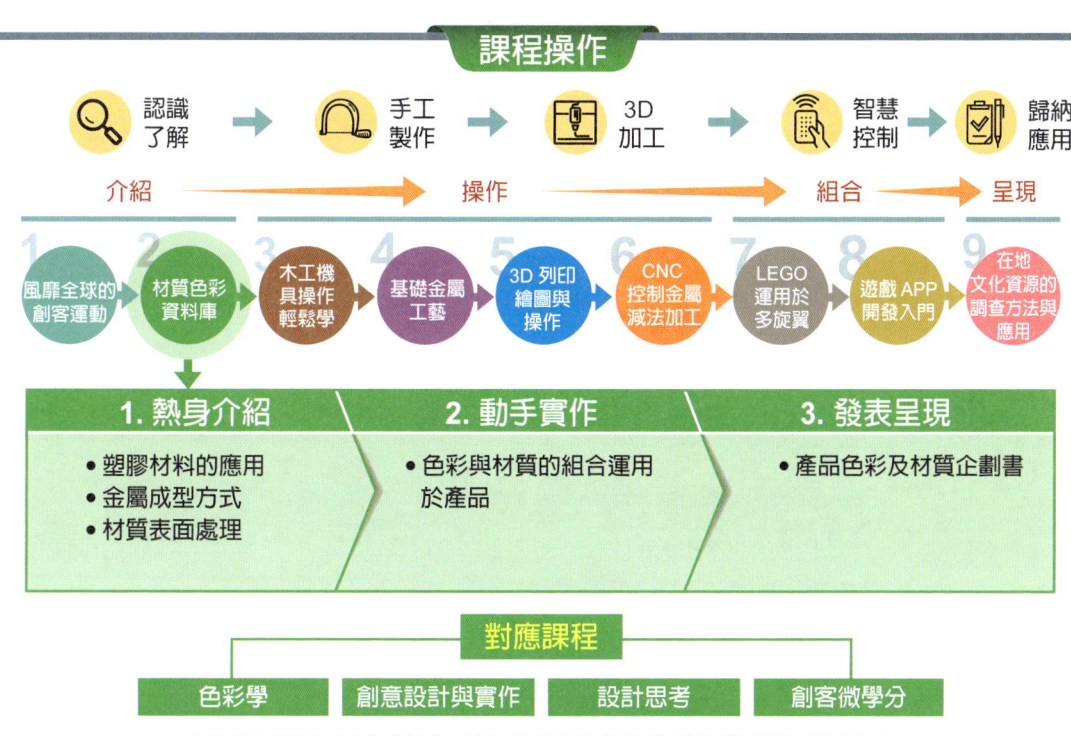

目錄

司長序
校長序
課程引言
單元架構
緒論
前言 —— 2-2

2.1 塑膠材料 —— 2-2
 一、塑膠材料分類 —— 2-3
 二、回收標章 —— 2-4
 三、熱固性塑膠材質之特性 —— 2-5
 四、熱塑性塑膠材質之特性 —— 2-9
 五、複合塑膠材質之特性 —— 2-23
 六、塑膠成型方式 —— 2-26
  (一) 塑膠成型方式 —— 2-26
  (二) 射出成型 —— 2-26
  (三) 吹製成型 —— 2-27

2.2 金屬材料 —— 2-28
 一、金屬 —— 2-28
  (一) 金屬材料的特性 —— 2-28
  (二) 合金材料的特性 —— 2-29
 二、非鐵金屬 —— 2-30

三、鐵金屬 —— 2-41
四、常用的金屬成型方法 —— 2-43
五、常用的表面處理 —— 2-44

2.3 色彩應用 —— 2-47

一、色相基準配色 —— 2-47
二、明度基準配色 —— 2-48
三、彩度基準配色 —— 2-49
四、PCCS 色彩體系 —— 5-50

(一) PCCS (Practical Color Co-ordinate System) 色彩體系 —— 2-50
(二) PCCS 色彩體系 —— 2-51
(三) 色調基準配色——PCCS 色調 —— 2-52
(四) 色調基準配色——類似色調關係 —— 2-52
(五) 色調基準配色——對比色調關係 —— 2-53
(六) 色調基準配色 —— 2-53
(七) 基調配色 —— 2-54
(八) 主調配色 —— 2-54
(九) 主調配色 —— 2-55
(十) 分離效果配色 —— 2-55
(十一) 強調效果配色 —— 2-56
(十二) 漸層效果配色 —— 2-56
(十三) 反覆效果配色 —— 2-57

創意實作 ▶ 材質色彩資料庫

前言

　　造型設計包含「型態」、「色彩」、「材質」三大要素，一般談論到造型設計，往往僅提及「型態」，但其中「色彩」與「材質」對於造型設計佔有舉足輕重的地位，亦是決定造型美感的關鍵要素。故本書彙整了色彩與材質相關基本論述，以淺顯易懂的方式提供創新創業者參考使用，期望本書能助各位創新創業夥伴一臂之力。

2.1　塑膠材料

　　塑膠材料最初通常以顆粒或粉末狀型態呈現，在成型加工前才予以加熱熔解成型，由於容易加工，外型可塑性大，因此被廣泛使用在日常及工業用品，並扮演著不可或缺的角色。

一般塑膠具有以下的特性：

- 質量輕，容易加工成型，適合大量生產。
- 抗蝕、耐酸、耐鹼、耐油、不生鏽。
- 絕緣性佳，且可製成透明、半透明之產品。

（圖2-1，shutterstock）

（圖2-2，shutterstock）

2-2

一、塑膠材料分類

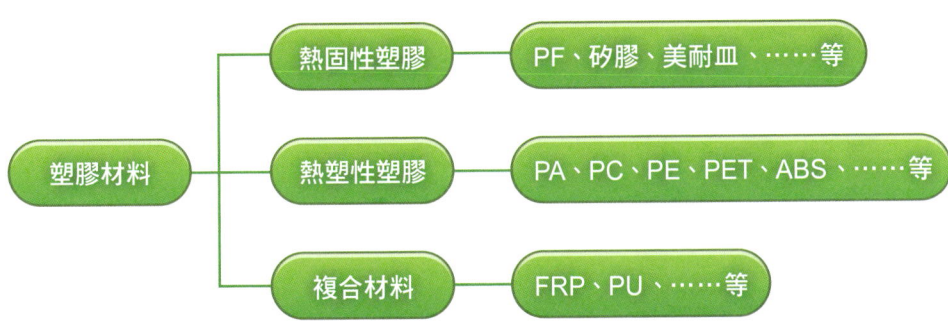

	特徵	耐溫性	流動性	運用
熱固性塑膠	加熱成型硬化後就不能重新融化再使用	高	差	（圖2-3，shutterstock）
熱塑性塑膠	與蠟有相同特性，加熱融化，冷卻則凝固，可重複再使用。	低	優	（圖2-4，shutterstock）

二、回收標章

台灣回收標章

綠色環保標誌中有四個逆向箭頭，其中的每一個箭頭分別為環保回收四合一制度中之一。環保回收標誌所代表的意義，係基於資源循環再利用、標示出回收標誌的理念，表示其包裝須做回收之意。

國際回收標章

塑料製品回收標識，由美國塑料行業相關機構制定。一般就在塑料容器的底部。三角形裡邊有1～7數字，每個編號代表一種塑料容器，它們的製作材料不同，使用上的禁忌也存在不同。塑料製品回收標識可以幫助民眾了解塑料製品的生產材質以及它們的使用條件，引導民眾健康使用。當數字大於或等於5時表示該塑料容器可以循環使用。

三、熱固性塑膠材質之特性

電木 PF

（圖 2-5，shutterstock）

（圖 2-7，shutterstock）

（圖 2-6，shutterstock）

特性	1. 酚醛樹脂。 2. 不吸水，耐熱性高，耐燃性好，絕緣性高。 3. 約可耐溫 125℃。
用途	常被使用於廚具把手、無熔絲開關……等須耐熱之產品。

創意實作 ▶ 材質色彩資料庫

矽膠 silicone

（圖2-8，shutterstock）

（圖2-9，shutterstock）

（圖2-10，shutterstock）

特性	1. 溫度穩定性佳，可在 -40℃～200℃ 溫度內穩定使用不變質。 2. 耐氣候性佳，可長時間置放於戶外，不會老化變硬。 3. 優良的吸震性，矽膠產品具有良好的吸震效果。
用途	1. 良好的電絕緣性，所以非常適合用於電子產品上。 2. 防沾黏、無毒，常用於醫療用具。

橡膠 Rubber

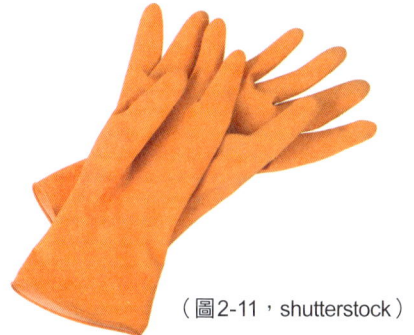

（圖2-11，shutterstock）

（圖2-12，shutterstock）

（圖2-13，shutterstock）

（圖2-14，shutterstock）

特性	橡膠具有以下特性： 1. 橡膠是一種有彈性的聚合物。 2. 橡膠可以分為合成橡膠和天然橡膠兩類。 3. 目前世界上的合成橡膠總產量已遠遠超過天然橡膠。
用途	橡膠可以從一些植物的樹汁中取得，也可以是人造的，兩者皆有相當多的應用及產品，例如輪胎、墊圈等，遂成為重要經濟作物。

美耐皿

(圖2-15,shutterstock)

(圖2-16,shutterstock)

(圖2-17,shutterstock)

特性	具優異之絕緣性、耐熱性、抗腐蝕性。
用途	常被用來壓模製作廚具、餐具等,是用途非常廣泛的塑膠材料之一。

四、熱塑性塑膠材質之特性

塑膠回收分類材質辨識碼

 聚乙烯對苯二甲酸酯
（Polyethylene Terephthalate, PET）
俗稱「寶特瓶」

 高密度聚乙烯
（High Density Polyethylene, HDPE）

 聚氯乙烯
（Polyvinylchloride, PVC）

 低密度聚乙烯
（Low Density Polyethylene, LDPE）

 聚丙烯
（Polypropylene, PP）

 聚苯乙烯
（Polystyrene, PS）
若是發泡聚苯乙烯即為俗稱之「保麗龍」

 其他類，如美耐皿樹脂、ABS 樹脂、聚甲基丙烯酸甲酯（俗稱壓克力，PMMA）、聚碳酸酯（PC）、聚乳酸（PLA）、聚醚碸樹脂（PES）、及聚苯醚碸樹脂（Polyphenylene Sulfone）等。

創意實作 ▶ 材質色彩資料庫

PET

（圖2-18，shutterstock）

（圖2-19，shutterstock）

（圖2-20，shutterstock）

特性	1. 透明、無臭、無味不溶出有毒物。 2. 光澤性佳、韌性佳、質量輕。 3. 可完全回收再利用。 4. 耐有機酸，耐溫 40°C 以下。
用途	近年成為汽水、果汁、碳酸飲料、食用油零售包裝等之常用容器。

HDPE

（圖2-21，shutterstock）

（圖2-22，shutterstock）

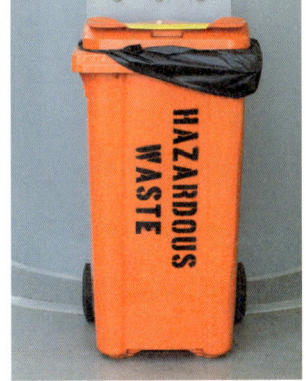

（圖2-23，shutterstock）

（圖2-24，shutterstock）

特性	1. 耐酸鹼。 2. 耐溫高於攝氏 60°C。 3. 多半為不透明之產品。 4. 摸起來的手感似蠟，常以吹製方式成型。
用途	薄膜級：購物袋、垃圾袋、工場用袋、內套袋等包裝用袋。 吹瓶級：沙拉油瓶、牛奶瓶、藥水瓶、清潔劑瓶、工具箱。 押出級：繩索、檔案夾、漁網、編織袋、塑膠機布。 射出級：搬運箱、啤酒箱、水桶、水塔、運動器材及各式玩具。

創意實作 ▶ 材質色彩資料庫

PVC

（圖2-25，shutterstock）

（圖2-26，shutterstock）

（圖2-27，shutterstock）

（圖2-28，shutterstock）

特性	1. 聚氯乙烯可藉由塑化劑的添加，而改變柔軟度，故其有兩種基本形式：硬質和柔質。 2. PVC 是通用型樹脂，具價格低廉、易加工、重量輕、強度高、耐化學藥品性良好等優點。
用途	PVC（聚氯乙烯）因為便宜、製造方便，可經由不同的配料與加工程序，製造成各種不同形貌且功能各異之產品，進而成為產量僅次於 PE 的第二大泛用塑膠，其相關製品廣泛存在於我們的生活周遭。例如：掛飾、人造皮革、動漫公仔、門簾、捲門、手套、保鮮膜、充氣產品等。

LDPE

（圖2-29，shutterstock）

（圖2-30，shutterstock）

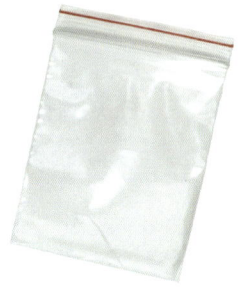

（圖2-31，shutterstock）

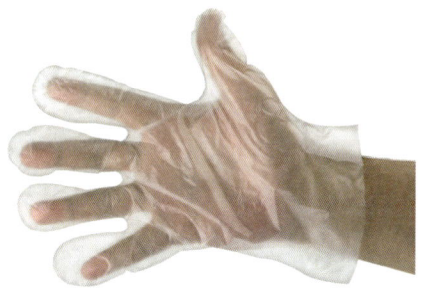

（圖2-32，shutterstock）

特性	PE 對於酸性和鹼性的抵抗力都很優良。HDPE 較 LDPE 熔點高、硬度大，且更耐腐蝕性液體之侵蝕。 1. 耐酸鹼。　　　　　　2. 耐溫溫度只到 60℃。 3. 多半為透明。　　　　4. 柔軟而且有些黏性。 5. 透明度比較高。　　　6. 耐油、水性低。
用途	1. 市售裝填乳品、清潔劑、食用油、農藥……等，多半以 HDPE 瓶來盛裝。 2. 大部分的塑膠袋、塑膠膜和保鮮膜是用 LDPE 製成的。

創意實作 ▶ 材質色彩資料庫

PP

（圖2-33，shutterstock）

（圖2-34，shutterstock）

（圖2-35，shutterstock）

（圖2-36，shutterstock）

特性	1. 極強之耐化學藥品及耐腐蝕性。 2. 流動性極佳，故成型品的厚度可小至 0.3mm。 3. 表面具油脂，後加工性(如印刷，塗裝)差。 4. 具特殊「鉸鏈效果」特性，意即具有耐往復折彎性。 5. 表面硬度高不易起刮痕，且光澤佳。 6. 縮水率大，成型品容易扭曲變形或有縮水痕跡明顯之弊病。
用途	1. 多用以盛裝化學物或是食品的容器。 2. 製瓶用，最常見於豆漿、米漿瓶、優酪乳、果汁飲料等瓶罐。 3. 籃子用，最常見於水桶、垃圾桶、洗衣槽、籮筐、籃子等。 4. 需絞鏈效果之產品，如：工具箱、藥盒等。 5. 塑膠袋、夾鏈袋等。

PS

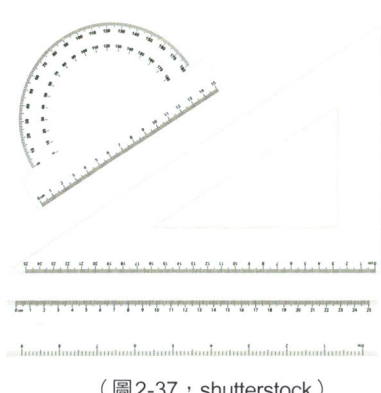

（圖2-37，shutterstock） 　　（圖2-38，shutterstock）

（圖2-39，shutterstock）

特性	1. 易被強酸、鹼腐蝕，且可以被多種有機溶劑溶解。 2. 質地硬而脆，無色透明。 3. 溶融溫度低，流動性不錯，是最易成型的熱塑性塑膠。 4. 常用設計的厚度為 1.5-3mm。
用途	1. 日照後易生裂痕，一般用於非戶外使用的快速消耗用品。 2. 常被用來製作泡沫塑料製品與玩具、文具雜貨，例如：免洗塑料餐具、免洗飲料杯、泡麵或食品外包裝、透明 CD 盒等。

創意實作 ▶ 材質色彩資料庫

塑膠杯蓋比較

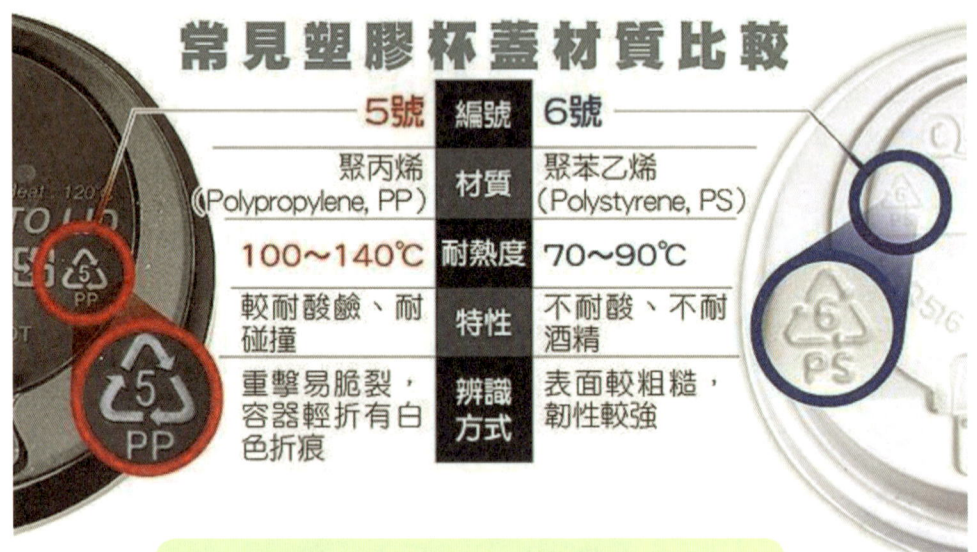

註：塑膠材質標示有 1 號到 7 號，其中 5 號及 6 號常見用於杯蓋，目前均合法。
但內容物為高熱液體，建議仍以 5 號為佳。

ABS

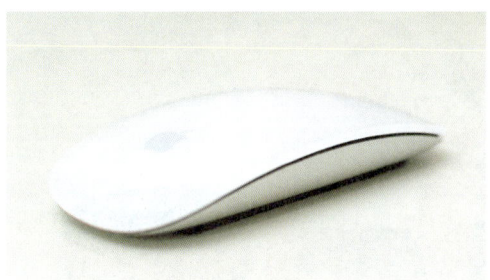

（圖2-40，shutterstock）

（圖2-41，shutterstock）

（圖2-42，shutterstock）

特性	1. 為乳白色之固體。 2. 表面非常適合各式「後加工」：電鍍、烤漆、印刷、燙金。 3. 韌性強，易加工成型。 4. 耐酸、鹼、鹽的腐蝕。 5. 廣泛用於 3D 印表機製品的材料。
用途	加工成的產品表面光潔，易於染色和電鍍。因此它可以被用於家電外殼、玩具等日常用品。常見的樂高積木就是 ABS 製品。

創意實作 ▶ 材質色彩資料庫

PLA

（圖2-43，shutterstock）

（圖2-44，shutterstock）

（圖2-45，shutterstock）

特性	1. 一般使用玉米、木薯的纖維素所製成。 2. PLA 產品可被快速分解。 3. 綠色環保材料。 4. PLA 與 ABS 皆為 3D 印表機常用之材料。
用途	1. PLA 已經廣泛應用在生物醫學工程上，用作手術縫合線、骨釘和骨板等，且使用 PLA 做成的手術線無須拆線。 2. 透過擠出、注塑和拉伸等加工處理，PLA 可以製成纖維和薄膜。

PA

（圖2-46，shutterstock）

（圖2-47，shutterstock）

（圖2-48，shutterstock）

（圖2-49，shutterstock）

特性	1. 俗稱「尼龍」。 2. 具有極為優異的延展性，可以抽成極細的絲狀尼龍纖維。 3. 具有高吸濕特性、良好的電氣特性、耐熱性佳、潤滑性佳、耐磨性佳。 4. 良好防火特性，添加玻璃纖維後為塑膠慣用之防火材質。
用途	1. 尼龍纖維是重要的紡織用紗，可製成毛刷的毛及繩索等，十分耐用。 2. 包裝用的伸縮薄膜、塑膠管、筒子等。 3. 因PA耐磨性和本身潤滑性俱佳，故多廣用於嬰兒車、運動器材、室外傢俱。 4. 在工程塑膠上的用途，可製成齒輪、軸承、凸輪、濾網、嬰兒車等的機構體和構造零件。

創意實作 ▶ 材質色彩資料庫

PC

（圖2-50，shutterstock）

（圖2-51，shutterstock）

（圖2-52，shutterstock）

（圖2-53，shutterstock）

特性	1. 無色透明。 2. 物理性極為優秀的強韌塑膠，抗熱、高韌度、耐磨耗、耐衝擊性、無毒性、耐腐蝕。 3. 抗紫外線。 4. 耐酸、耐油，但不耐強鹼。
用途	1. 適用於要求精密尺寸的產品。 2. 在工程塑膠上的用途，可製成需要高彈性的小零件。 3. 常見的應用有 CD/VCD 光碟、桶裝水瓶、嬰兒奶瓶、樹脂鏡片、銀行防子彈之玻璃、車頭燈罩、安全帽、登月太空人的頭盔面罩、智慧型手機的機身外殼、室外遮陽板等等。

POM

（圖2-54，shutterstock）

（圖2-55，shutterstock）

（圖2-56，shutterstock）

特性	1. 俗稱「塑鋼」，有極強的耐磨耗性，機械強度大，黏性強，耐磨耗性佳，不易變形。 2. 不透明的乳白色。 3. POM 和 PA、PC 並列為代表性之工程塑膠。 4. 彈性疲乏之耐力，在熱塑性塑膠中居第一位，對反覆撞擊和抗力的抵抗值都十分優異。
用途	1. 機械零件方面的各種齒輪和軸承。 2. 電器零件方面的開關和馬達零件。 3. 日用品方面的拉鍊、水栓、汽車門把、電話按鍵、門窗滑軌、咖啡機、梳子、打火機外殼、玩具等產品。

創意實作 ▶ 材質色彩資料庫

PMMA

（圖2-57，shutterstock）

（圖2-59，shutterstock）

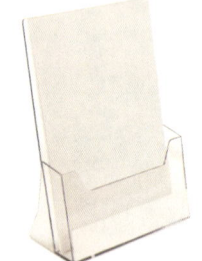

（圖2-58，shutterstock）

（圖2-60，shutterstock）

特性	1. 又稱為「壓克力」。 2. 易於機械加工。 3. 具有高透明度，常用於替代玻璃的材料，且重量比玻璃輕；加入透明性染料，具有染色玻璃的效果。 4. 耐氣候性、抗紫外線能力佳，可長期在屋外使用。 5. 耐衝擊性不佳，一般不適合於結構強度之應用。
用途	1. 能用吹塑、射出、擠出等塑料成型的方法加工而成，大到飛機座艙蓋，小到假牙和牙托等形形色色的製品。 2. 具有光纖之特性，壓克力樹脂成為頗受矚目的光纖通信基材。 3. 也常用於仿寶石飾品。

五、複合塑膠材質之特性

FRP

（圖2-61，shutterstock）

（圖2-62，shutterstock）

（圖2-63，shutterstock）

特性	1. 又稱為玻璃纖維強化塑膠。 2. 以玻璃纖維及樹脂所結合之複合材料。 3. 玻璃纖維扮演補強材，而基礎材料為樹脂，如同鋼筋加混凝土。
用途	用於製造各種運動用具、管道、造船、汽車與電子產品之外殼與印刷電路板。

創意實作 ▶ 材質色彩資料庫

碳纖維

（圖2-64，shutterstock）

（圖2-65，shutterstock）

（圖2-66，shutterstock）

特性	1. Carbon fiber，又稱石墨纖維。 2. 是一種具有很高強度和模量的耐高溫纖維，為化學纖維的高端品種。
用途	碳纖維製造的增強塑料質地強而輕，耐高溫、防輻射、耐水、耐腐蝕是製造飛行器、兵器及耐腐蝕設備等的優良材料。

PU

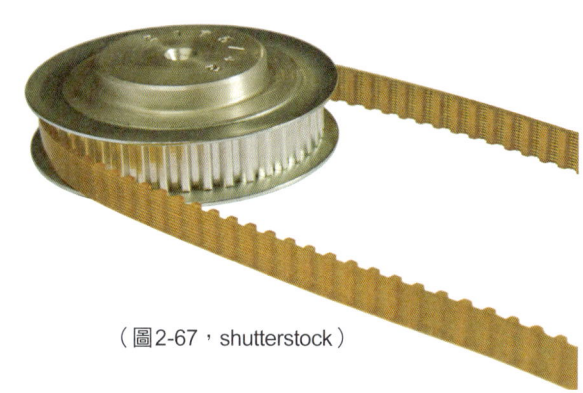

（圖2-67，shutterstock）

（圖2-68，shutterstock）

（圖2-69，shutterstock）

特性	1. PU 的導熱係數較低。 2. 為新型的牆體保溫材料。 3. 具有耐磨、耐溫、密封、隔音等優異性能。
用途	PU 夾塊、不規則形狀 PU 製品、PU 大小鞋墊、昇球輪、走軌輪、活塞傳動輪、各種防震膠圈等素材。

創意實作 ▶ 材質色彩資料庫

六、塑膠成型方式

(一) 塑膠成型方式

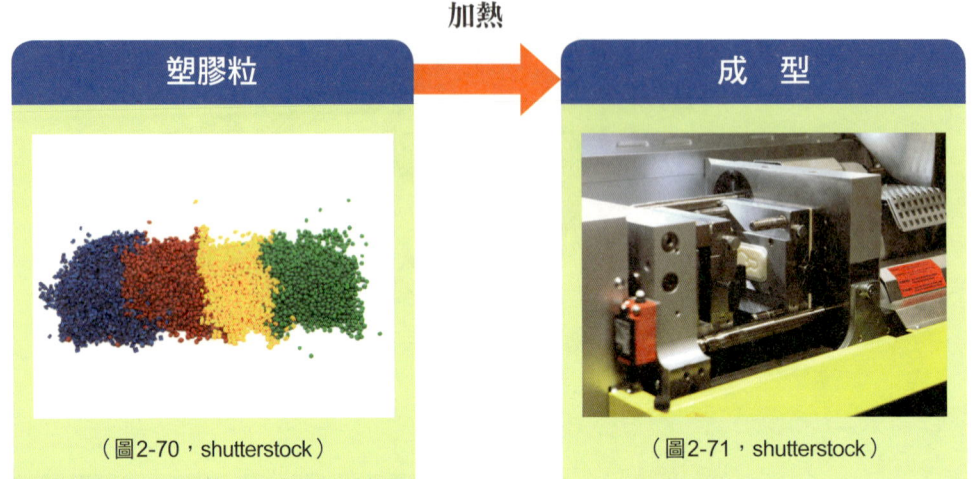

（圖2-70，shutterstock）　　（圖2-71，shutterstock）

(二) 射出成型

最常被使用的塑膠成型方式。

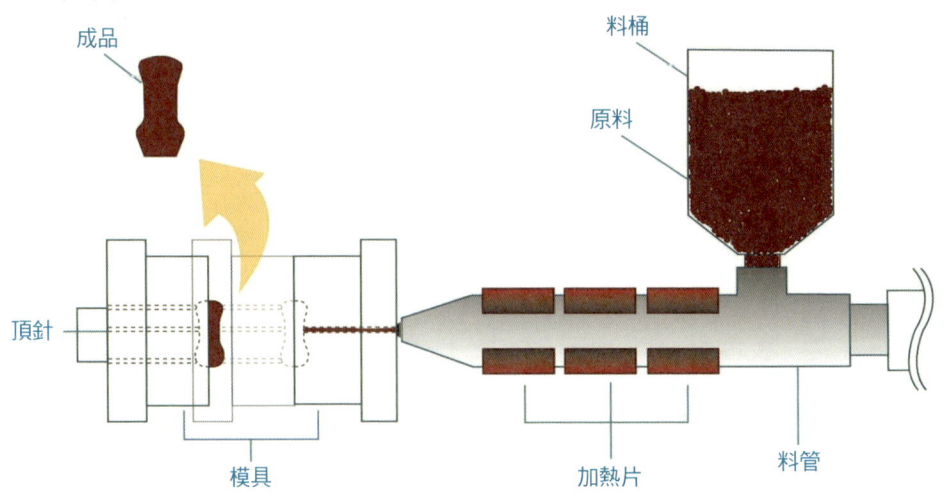

（圖2-72，自行整理繪製）

2-26

（圖2-73，shutterstock）

（圖2-74，shutterstock）

（圖2-75，shutterstock）

(三) 吹製成型

圓筒型之塑膠胚料，置入分列式模內，壓縮空氣吹入使內管脹大，而與模壁相貼。

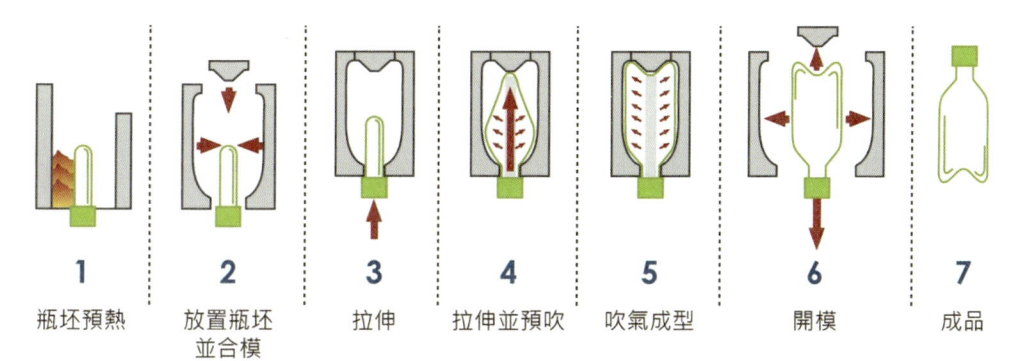

1	2	3	4	5	6	7
瓶坯預熱	放置瓶坯並合模	拉伸	拉伸並預吹	吹氣成型	開模	成品

（圖2-76，自行整理繪製）

（圖2-77，shutterstock）

（圖2-78，shutterstock）

2.2 金屬材料

一、金屬

　　金屬是一種具有光澤、富有延展性、容易導電、傳熱等特性的物質，其中金屬可分為鐵金屬與非鐵金屬。

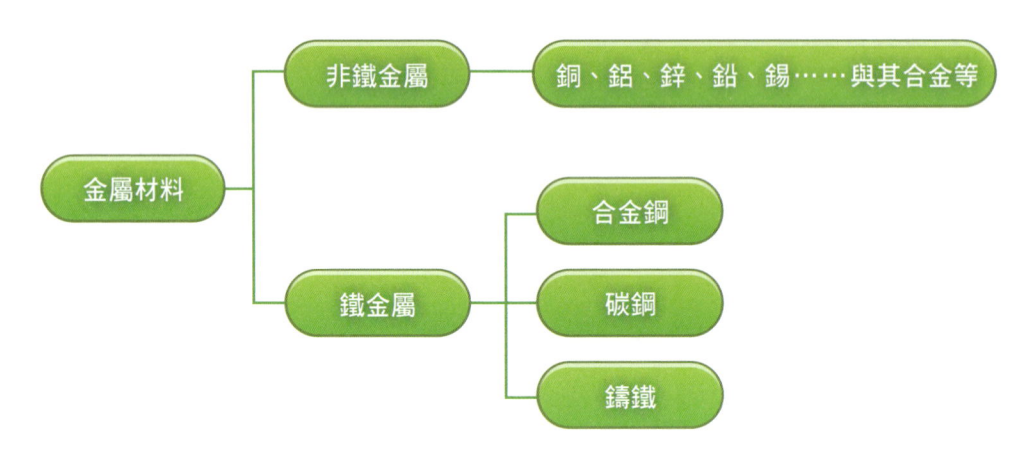

```
金屬材料 ─┬─ 非鐵金屬 ── 銅、鋁、鋅、鉛、錫……與其合金等
          └─ 鐵金屬 ─┬─ 合金鋼
                     ├─ 碳鋼
                     └─ 鑄鐵
```

(一) 金屬材料的特性

一般金屬具有以下的特性：

- 比重恆大於一：比重 1～4 稱為輕金屬，比重大於 4 稱為重金屬。

- 容易導電與導熱：以銀之導電率最高，第二名是銅，再來是鋁。

- 常溫狀態下只有汞不是固體（液態），其他金屬都是固體。

2-28

（圖2-79，銅線，shutterstock）

（圖2-80，汞，shutterstock）

(二) 合金材料的特性

一般合金材料具有以下的特性：

- 一般常見的金屬，常以合金的形式存在生活用品中。

- 合金與其成分純金屬比起來，熔點較低、延展性較小、硬度較高、導電與導熱率常較低。

- 光澤可常保持，較純金屬不易氧化，且較抗腐蝕。

（圖2-81，不鏽鋼，shutterstock）

（圖2-82，鋁鎂合金，shutterstock）

創意實作 ▶ 材質色彩資料庫

二、非鐵金屬

鋁（Al）

（圖2-83，shutterstock）

（圖2-84，shutterstock）

（圖2-85，shutterstock）

（圖2-86，shutterstock）

特性	1. 鋁是銀白色的輕金屬，當今工業常用金屬之一，重量輕(為銅的三分之一)，質地堅硬，且具有良好延展性、導電性、導熱性、耐熱性。 2. 導熱性比鋼鐵佳，導電率僅次於銅，可抽拉成電線。 3. 鋁在空氣中會迅速形成一層緻密的氧化鋁薄膜，常見的鋁製品都已被氧化，而其氧化薄膜又使鋁不易被腐蝕。
用途	1. 鋁的延展性高、耐熱，也可製成鋁箔與鋁餐具。 2. 鋁合金用於交通工具的輕量。

鋅（Zn）

（圖2-87，shutterstock）

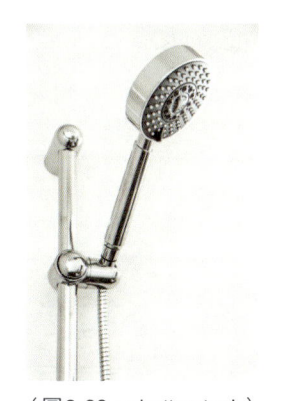

（圖2-88，shutterstock） 　　（圖2-89，shutterstock） 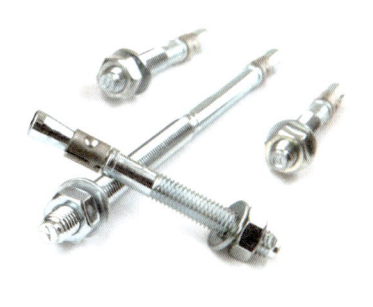　　（圖2-90，shutterstock）

特性	鋅成本低廉，鑄造性高、鑄件有一定的重量且拋光後表面光滑，熔點低在 385°C 熔化，容易壓鑄成型，由於其流動性高，熔點低，所以被大量用於壓力鑄造。
用途	1. 常用於水龍頭及蓮蓬頭。 2. 常鍍在鐵系金屬上，可提高其抗腐蝕能力，如鍍鋅管、鍍鋅板、鍍鋅鐵絲。

創意實作 ▶ 材質色彩資料庫

金（Au）

（圖2-91，shutterstock）

（圖2-92，shutterstock） 　　　　（圖2-93，shutterstock）

特性	純金是有明亮光澤、黃中帶紅、柔軟、密度高、有延展性的金屬，通常純金太軟，會與其他金屬製成合金增加硬度。
用途	1. 金因為價格昂貴，通常用在硬幣、首飾等貴重物。 2. 金的導電性及抗氧化、腐蝕性、耐久性很好，也常用於電子產品電路板。

銀（Ag）

（圖2-94，shutterstock）

（圖2-95，shutterstock） 　　（圖2-96，shutterstock）

特性	銀是一種柔軟有白色光澤的金屬，在所有金屬中導電率、導熱率和反射率最高，雖然銀的導電率最高但價格較高，與銅相比不常用於電線。
用途	常用在珠寶和裝飾品、高價餐具和器皿。

銅（Cu）

（圖2-97，shutterstock）

（圖2-98，shutterstock）

（圖2-99，shutterstock）

（圖2-100，shutterstock）

特性	1. 銅合金機械性能佳，其中最重要的是青銅和黃銅。此外，銅非常耐用，可以多次熔化回收而無損其機械性能。 2. 黃銅：是銅與鋅的合金，顏色呈黃色，比例的不同，顏色也會跟著不同，易於鑄造及加工。 3. 青銅：為銅與錫之合金，具有高強度與硬度、熔點低、流動性佳，並且具有良好的耐蝕性及耐磨性。
用途	純銅是柔軟的金屬，表面剛切開時為紅橙色帶金屬光澤、延展性好、導熱性和導電性高，因此在電纜、電線、電子元件是最常用的材料。

鈦（Ti）

（圖2-101，shutterstock）

（圖2-102，shutterstock）

（圖2-103，shutterstock）

（圖2-104，shutterstock）

特性	1. 鈦的耐蝕性極佳，能抵抗強酸、鹼，能抵抗硝酸、強酸及海水之腐蝕。 2. 鈦合金其質量輕、高強度、低密度、耐高低溫，被譽為「太空金屬」。
用途	1. 鈦常用於體育用品上，例如：網球拍、高爾夫球桿及美式足球的頭盔上的護架等。 2. 鈦由於它的高抗拉強度——密度比、優良的抗腐蝕性、抗疲乏性、抗裂痕性，所以也常用於腳踏車骨架、飛機機身以及眼鏡架上。 3. 燒鈦：將鈦製品表面用火加熱會有特殊的色澤，常用於機車改裝零件如排氣管、螺絲。 4. 鈦也常用於義肢等醫療用的人造骨骼。

錫（Sn）

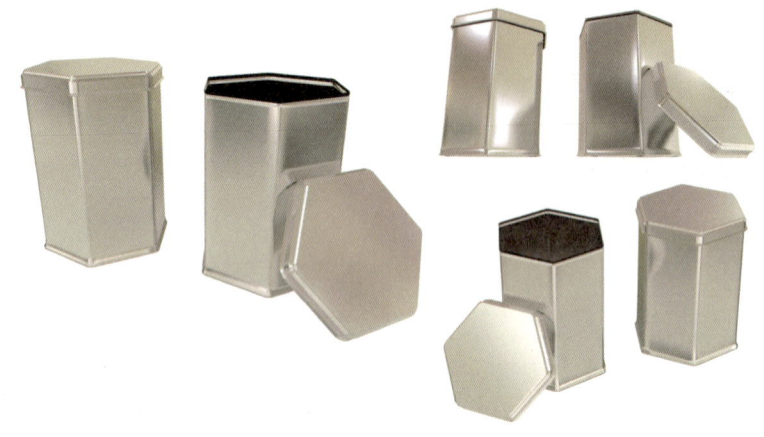

（圖2-105，shutterstock）

（圖2-106，shutterstock） 　　　（圖2-107，shutterstock）

特性	錫有銀灰色的金屬光澤，以及良好的伸展性能，它在空氣中不易氧化。它的多種合金有防腐蝕的性能，因此常被用來作為其他金屬的防腐層。
用途	利用錫的良好延展性，可製成各種型態的產品。

鎂（Mg）

（圖2-108，shutterstock）

（圖2-109，shutterstock）

（圖2-110，shutterstock）

特性	鎂是用途第三廣泛的結構材料，僅次於鐵和鋁。鎂的主要用途是製造鋁合金，壓模鑄造（與鋅形成合金）。
用途	1. 鎂比鋁輕，含 5% ～ 30% 鎂的鋁鎂合金質輕，有良好的機械性能，能廣泛應用在航空、太空等方面。 2. 由於質地極輕，也常用來製成主機的外殼或 3C 的產品。

創意實作 ▶ 材質色彩資料庫

鉻（Cr，不鏽鋼）

（圖2-111，shutterstock）

（圖2-112，shutterstock）

（圖2-113，shutterstock）

特性	鉻質地堅硬，表面帶光澤，具有很高的熔點。它無臭、無味，同時具延展性。
用途	鉻大多用於製不鏽鋼等特殊鋼，例如：汽車零件、工具、磁帶、錄影帶、菜刀等廚房用品。可以提升鋼的強度，又具極佳的耐熱性。

2-38

鉛（Pb）

（圖2-114，shutterstock）

（圖2-115，shutterstock）

特性	鉛柔軟且延展性和抗腐蝕性強，導電性與熔點低，有毒，屬於重金屬。鉛和鋁一樣，表面能自行生成薄膜，保護內部不受氧化。
用途	1. 目前鉛有 80% 用來製造蓄電池 (主要是汽車電池)，鉛製成的低熔點合金，可用於保險絲、消防自動灑水器。 2. 鉛有毒，會導致慢性肌肉或關節疼痛或兒童智力衰退，由於鉛的危害和污染性，今天汽油、染料、焊錫和水管一般都不含鉛。

創意實作 ▶ 材質色彩資料庫

鎳（Ni）

（圖2-116，shutterstock）

（圖2-117，shutterstock）

（圖2-118，shutterstock）

特性	鎳是一種存量非常豐富的自然元素，銀白色帶一點淡金色，可被高度磨光，鎳大多與其他的金屬形成合金。
用途	1. 鎳被用來製成錢幣、馬蹄磁鐵、鎳氫電池(可充電)以及活塞等物件。 2. 大部分的鎳被用來製成不鏽鋼。 3. 可用於電鍍，並且具有優良的拋光性，在空氣中的穩定性很高。

三、鐵金屬

鑄鐵

（圖2-119，shutterstock）

（圖2-120，shutterstock）　　　　（圖2-121，shutterstock）

特性	鑄鐵是指含碳量在 2% 以上的鑄造鐵碳合金的總稱，鑄造性優，另外具有耐磨性和抗震性良好、價格低等特點。
用途	1. 常用於咖啡館招牌、鍋子、烤盤。 2. 鑄鐵表面常噴覆琺瑯。

創意實作 ▶ 材質色彩資料庫

合金鋼（不鏽鋼）

（圖2-122，shutterstock）

（圖2-123，shutterstock） 　　（圖2-124，shutterstock）

特性	1. 不鏽鋼大多指鉻或鎳與鐵合金的總稱，比一般金屬更不容易生鏽。 2. 判別不鏽鋼好壞的方式可用磁鐵吸，磁性越強，代表純度越低。
用途	不鏽鋼於產品上的應用相當廣泛。

四、常用的金屬成型方法

鑄造

將金屬熔融成液態狀，將金屬液注入具有一定形狀的孔穴鑄模內。

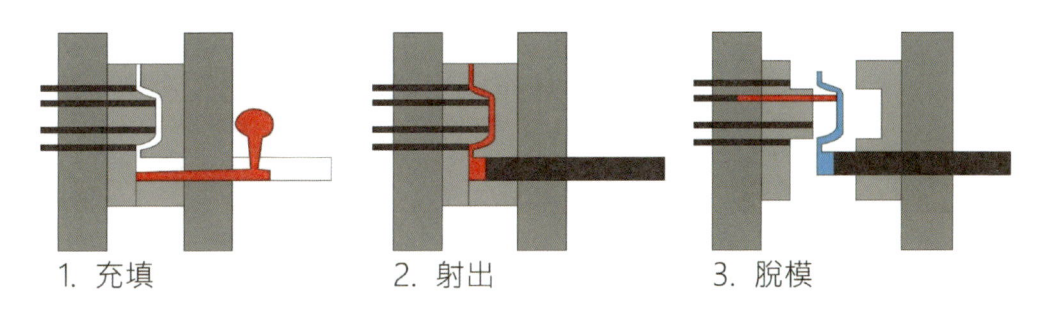

1. 充填　　2. 射出　　3. 脫模

（圖2-125，自行整理繪製）

抽拉成型

將材料塗上潤滑劑之後，送入機器中抽拉成線，常用於鐵絲和銅線。

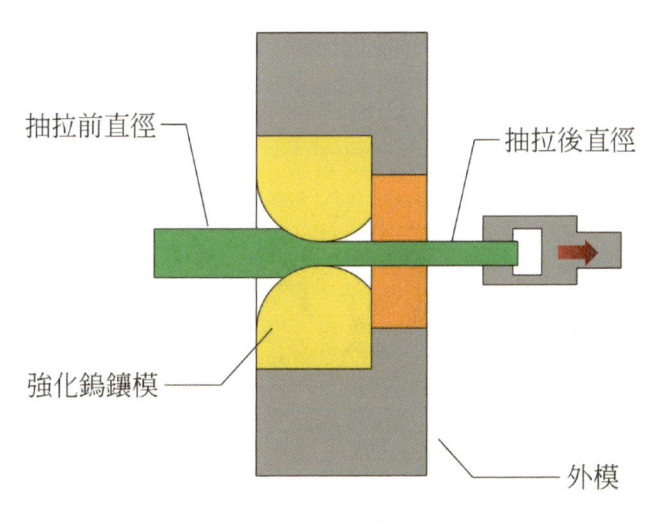

抽拉前直徑
抽拉後直徑
強化鎢鑲模
外模

（圖2-126，自行整理繪製）

2-43

創意實作 ▶ 材質色彩資料庫

鋁擠型

　　專屬鋁的加工方式，因鋁的延展性佳，用機器擠壓將鋁製成同一斷面的條狀物，鋁門窗就是以此方式製作。

（圖2-127，shutterstock）

（圖2-128，shutterstock）

五、常用的表面處理

電鍍

- 電鍍是將製品接電，鍍上一層金屬的表面處理方法。
- 除了導電體以外，電鍍亦可用於經過特殊處理的塑膠上。

（圖2-129，shutterstock） 　　（圖2-130，shutterstock） 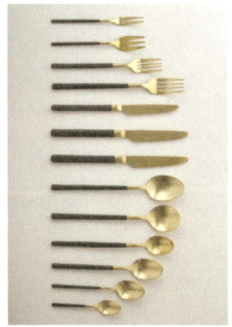　（圖2-131，shutterstock）

噴砂

- 噴砂是將小顆砂粒或鋼珠噴在製品表面，使表面呈現霧面並有顆粒感。

（圖2-132，shutterstock）

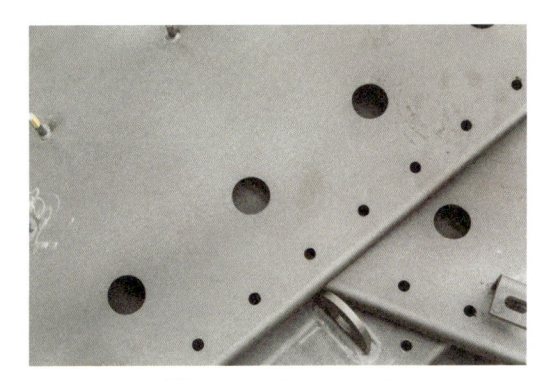

（圖2-133，shutterstock）

拋光

- 拋光是使用細小堅硬的顆粒物質快速摩擦表面，使表面呈現鏡面般光滑的效果。

（圖2-134，shutterstock）

（圖2-135，shutterstock）

創意實作 ▶ 材質色彩資料庫

琺瑯

- 琺瑯是指將玻璃或陶瓷質粉末熔結在基質（如金屬、玻璃或陶瓷）表面形成的外殼，多彩色，用於保護和裝飾，常用在鍋子及浴缸上。

（圖2-136，shutterstock）

（圖2-137，shutterstock）

（圖2-138，shutterstock）

陽極處理

- 使鋁製產品產生一層有顏色的氧化層，增強其表面保護作用。

（圖2-140，shutterstock）

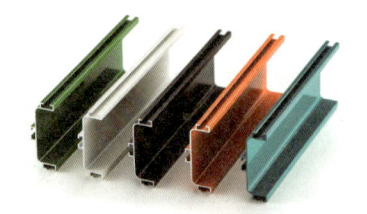

（圖2-139，shutterstock）

（圖2-141，shutterstock）

2-46

2.3 色彩應用

一、色相基準配色

色相 H (Hue)：

● 色環上具有的位置：

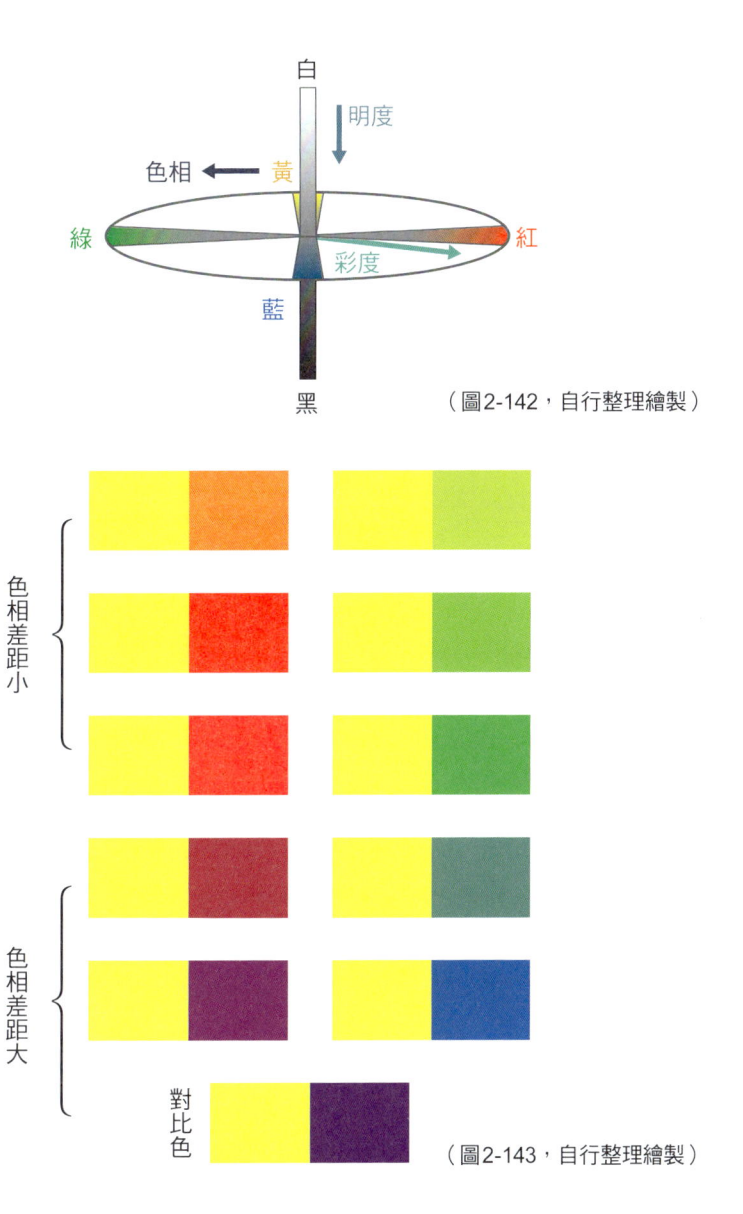

（圖2-142，自行整理繪製）

同色

色相差距小

色相差距大

對比色

（圖2-143，自行整理繪製）

2-47

創意實作 ▶ 材質色彩資料庫

二、明度基準配色

明度 V (Value, Brightness)：

- 色彩的明暗程度

淺 ↑
深

（圖2-144，自行整理繪製）

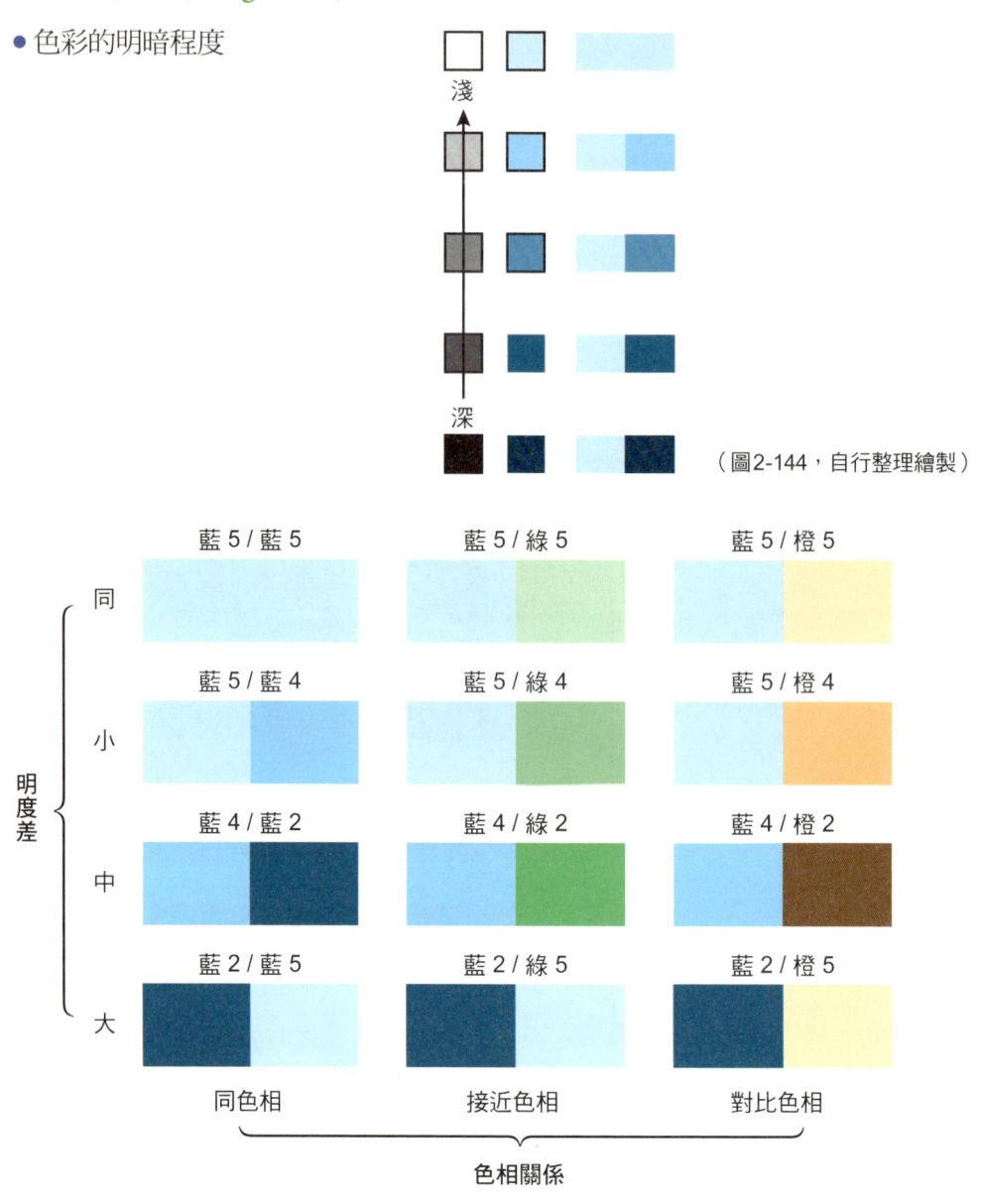

	藍5 / 藍5	藍5 / 綠5	藍5 / 橙5
同			
	藍5 / 藍4	藍5 / 綠4	藍5 / 橙4
小			
	藍4 / 藍2	藍4 / 綠2	藍4 / 橙2
中			
	藍2 / 藍5	藍2 / 綠5	藍2 / 橙5
大			
	同色相	接近色相	對比色相

明度差

色相關係

（圖2-145，自行整理繪製）

三、彩度基準配色

彩度 C (Chroma , Colorfulness)：

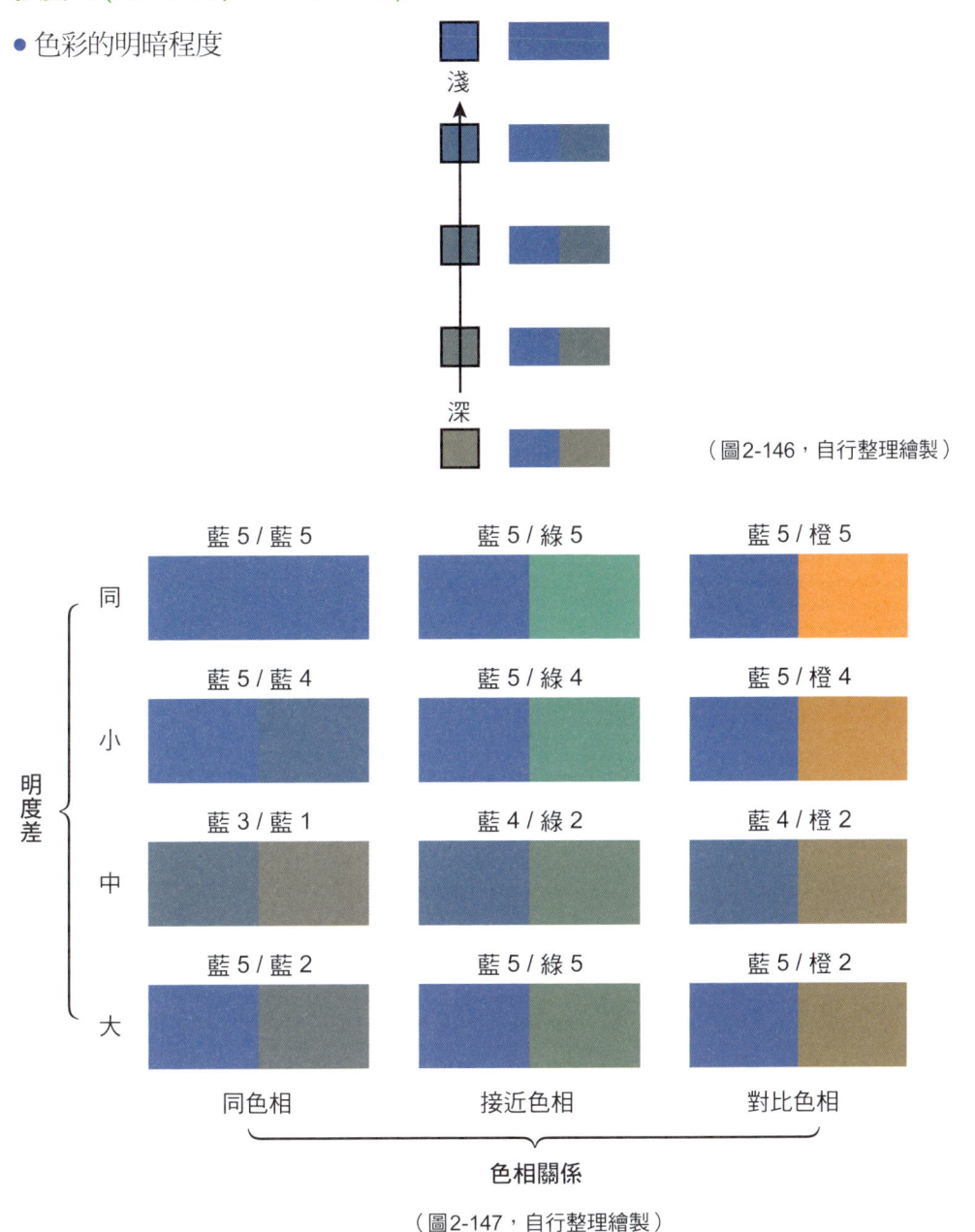

- 色彩的明暗程度

（圖2-146，自行整理繪製）

	同色相	接近色相	對比色相
	藍5 / 藍5	藍5 / 綠5	藍5 / 橙5
明度差 同			
	藍5 / 藍4	藍5 / 綠4	藍5 / 橙4
小			
	藍3 / 藍1	藍4 / 綠2	藍4 / 橙2
中			
	藍5 / 藍2	藍5 / 綠5	藍5 / 橙2
大			

色相關係

（圖2-147，自行整理繪製）

創意實作 ▶ 材質色彩資料庫

四、PCCS 色彩體系

(一) PCCS (Practical Color Co-ordinate System) 色彩體系

日本國家色彩研究所從實用角度，綜合曼塞爾與奧斯華德色彩系統的優點，於 1965 年提出，適合用於色彩配色應用且與系統色名呼應。

將色彩三屬性，轉換為用色相與色調來命名與討論，例如：鮮紅色、淡紅色、暗紅色。

| 色相 | 以近似色料與色光的三原色為基礎色相再差分而成為 24 色相，以 1～24 編號之。其命名，例如：R 紅、rO 偏紅的橙、yG 偏黃的綠，色環上直徑相對兩端的色彩互為補色。 |

| 明度 | 無彩色明度階分為 9 階段，其中以 N1.0 最黑，N9.5 最白。 |

| 彩度 | 以 S（Saturation）表示，自 1S～9S 共分 9 階，1S 表最低彩度，9S 表最高彩度。 |

(二) PCCS 色彩體系

色相	號碼	色相記號	色相名稱
紅	1	pR	帶紫色的紅
紅	2	R	紅
紅	3	yR	帶黃色的紅
橙	4	rO	帶紅色的橙
橙	5	O	橙
橙	6	yO	帶黃色的橙
黃	7	rY	帶紅色的黃
黃	8	Y	黃
黃	9	gY	帶綠色的黃
黃綠	10	YG	黃綠
綠	11	yG	帶黃色的綠
綠	12	G	綠
綠	13	bG	帶藍色的綠
藍綠	14	BG	藍綠
藍綠	15	BG	藍綠
藍	16	gB	帶綠色的藍
藍	17	B	藍
藍	18	B	藍
藍	19	pB	帶紫色的青
藍紫	20	V	青紫
紫	21	P	紫
紫	22	P	紫
紅紫	23	RP	紅紫
紅紫	24	RP	紅紫

○：心理四原色（紅、黃、綠、藍）
▲：色材三原色（ＣＭＹ）
△：色光三原色（ＲＧＢ）

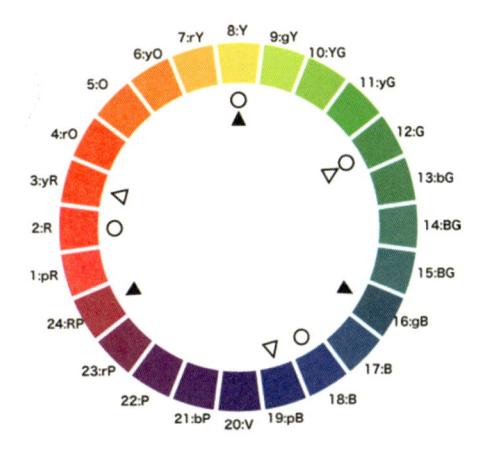

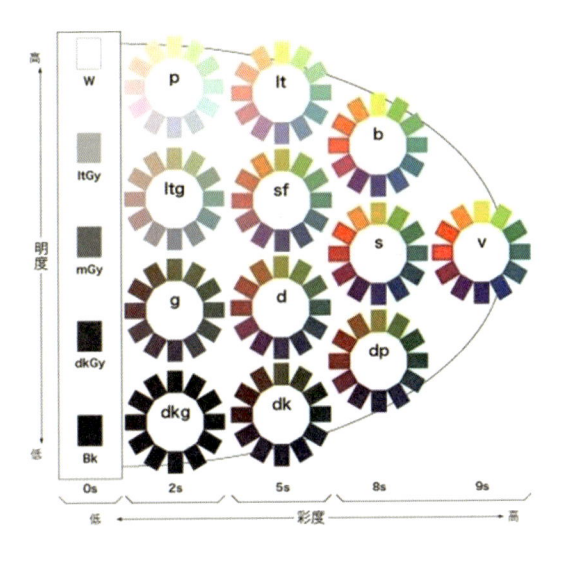

（圖2-148，日本色研株式會社 http://www.sikiken.co.jp/pccs/pccs04.html）

(三) 色調基準配色——PCCS 色調

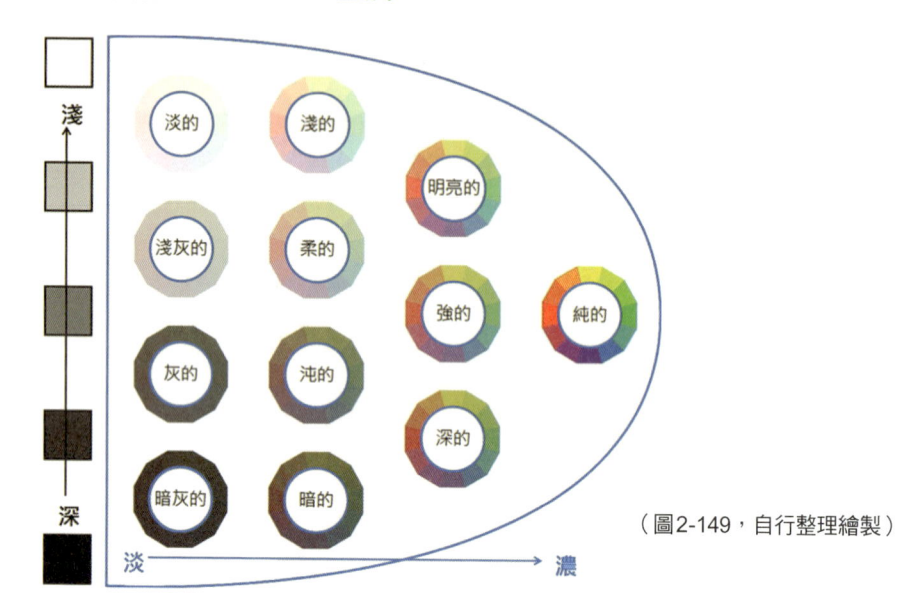

（圖2-149，自行整理繪製）

(四) 色調基準配色——類似色調關係

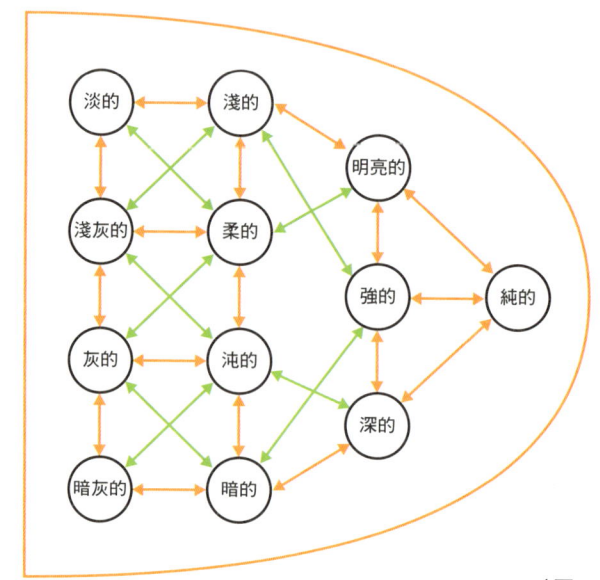

（圖2-150，自行整理繪製）

(五) 色調基準配色──對比色調關係

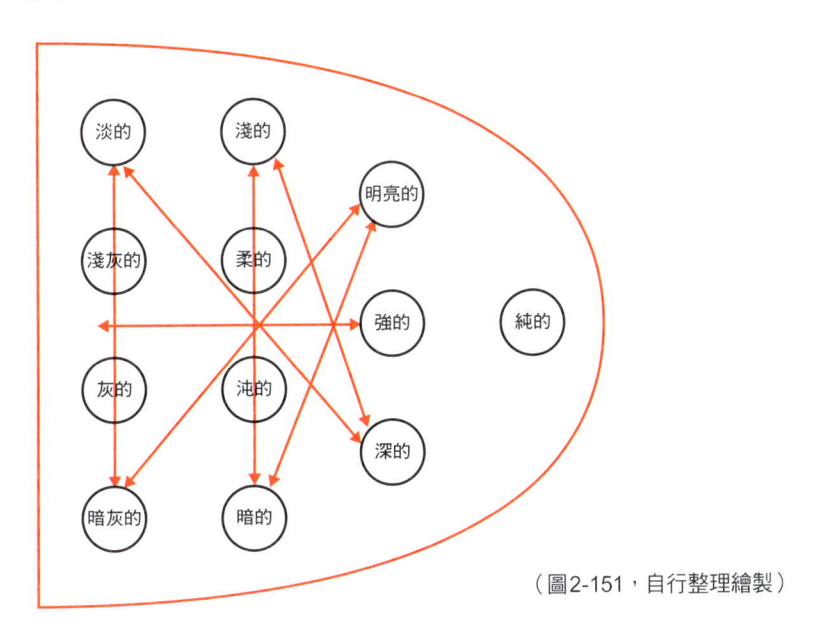

（圖2-151，自行整理繪製）

(六) 色調基準配色

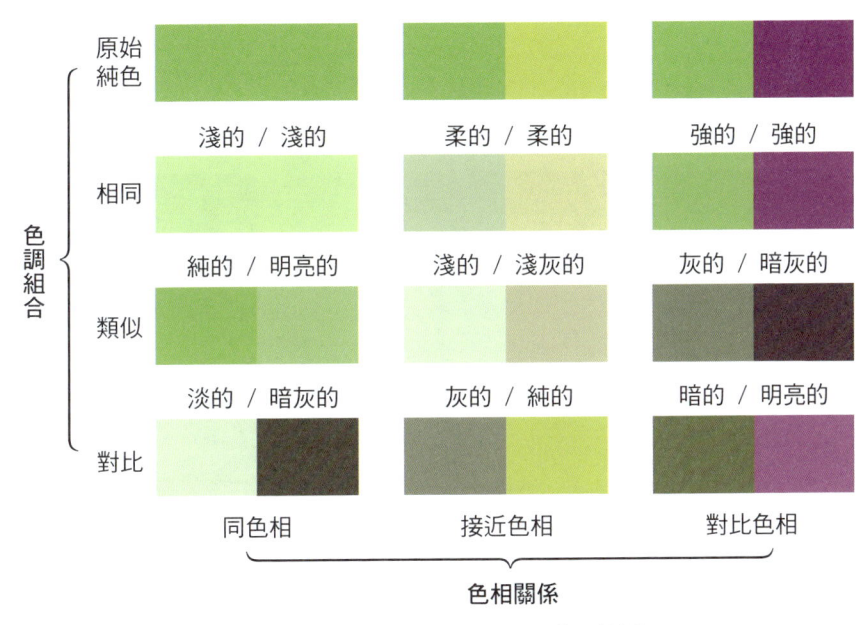

（圖2-152，自行整理繪製）

2-53

(七) 基調配色

🎨 大面積基調＋小面積配色。

（圖2-153，自行整理繪製）

(八) 主調配色

🎨 同色相，不同色調。
🎨 產生統一與融合感。

（圖2-154，自行整理繪製）

(九) 主調配色

- 同色調，不同色相。
- 形成繽紛活潑與多元性。

（圖2-155，自行整理繪製）

(十) 分離效果配色

- 強烈對比或模糊的配色＋無彩色。
- 減少刺激，產生和緩感。

（圖2-156，自行整理繪製）

(十一) 強調效果配色

- 大面積單調配色＋小面積的對比色。
- 小面積色彩採鮮明色調與暖色系效果佳。

（圖2-157，自行整理繪製）

(十二) 漸層效果配色

- 視覺秩序＋漸變。
- 單一或多個視覺秩序改變。

明度

色相

彩度

色調

（圖2-158，自行整理繪製）

(十三) 反覆效果配色

- 🎨 三個以上無統一感配色＋群組反覆組合。
- 🎨 使無統一感配色達到調合效果。

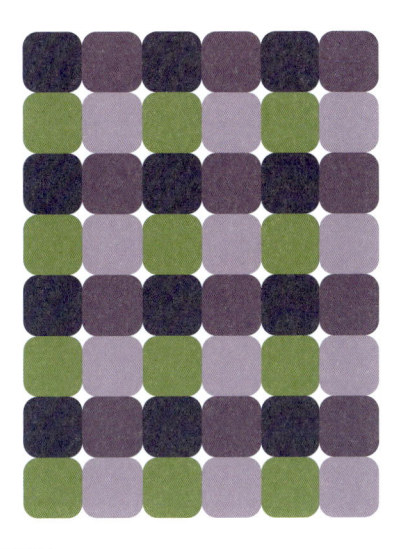

（圖2-159，自行整理繪製）

創意實作 ▶ 材質色彩資料庫

養成做筆記的習慣，把生活上觀察的小事情記錄下來！
創意也跟著來囉～

養成做筆記的習慣，把生活上觀察的小事情記錄下來！創意也跟著來囉～

創意實作　▶ 材質色彩資料庫

養成做筆記的習慣，把生活上觀察的小事情記錄下來！
創意也跟著來囉～

養成做筆記的習慣，把生活上觀察的小事情記錄下來！
創意也跟著來囉～

國家圖書館出版品預行編目資料

創意實作—Maker 具備的 9 種技能 ②：材質色彩資料庫/ 宋毅仁
編 . -- 1 版 . -- 臺北市：臺灣東華，2018.01

72 面；17x23 公分

ISBN 978-957-483-921-6　（第 1 冊：平裝）
ISBN 978-957-483-922-3　（第 2 冊：平裝）
ISBN 978-957-483-923-0　（第 3 冊：平裝）
ISBN 978-957-483-924-7　（第 4 冊：平裝）
ISBN 978-957-483-925-4　（第 5 冊：平裝）
ISBN 978-957-483-926-1　（第 6 冊：平裝）
ISBN 978-957-483-927-8　（第 7 冊：平裝）
ISBN 978-957-483-928-5　（第 8 冊：平裝）
ISBN 978-957-483-929-2　（第 9 冊：平裝）
ISBN 978-957-483-930-8　（全一冊：平裝）

創意實作—Maker 具備的 9 種技能 ②
材質色彩資料庫

編　　者	宋毅仁
發 行 人	陳錦煌
出 版 者	臺灣東華書局股份有限公司
地　　址	臺北市重慶南路一段一四七號三樓
電　　話	(02) 2311-4027
傳　　真	(02) 2311-6615
劃撥帳號	00064813
網　　址	www.tunghua.com.tw
讀者服務	service@tunghua.com.tw
門　　市	臺北市重慶南路一段一四七號一樓
電　　話	(02) 2371-9320
出版日期	2018 年 1 月 1 版 1 刷

ISBN	978-957-483-922-3

版權所有 ‧ 翻印必究